UN
VOLCAN EN ÉRUPTION

TOURS, IMPRIMERIE BOUILLÉ-LALEVÈZE

BIBLIOTHÈQUE DU JEUNE AGE

UN
VOLCAN EN ÉRUPTION

PAR

Rémy de GOURMONT
ATTACHÉ A LA BIBLIOTHÈQUE NATIONALE

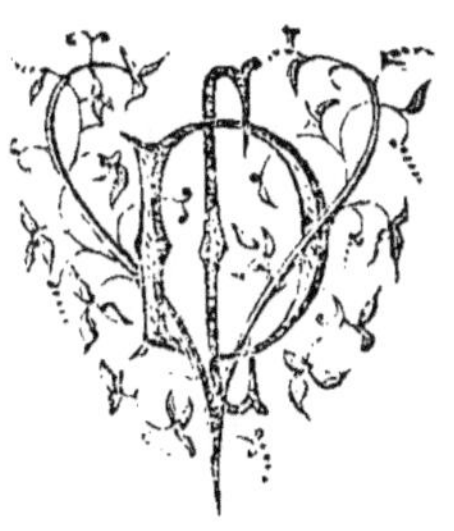

PARIS
LIBRAIRIE GÉNÉRALE DE VULGARISATION
9, RUE DE VERNEUIL, 9

UN
VOLCAN EN ÉRUPTION

PREMIÈRE PARTIE

D'abord, qu'est-ce qu'un volcan?

Sans remonter jusqu'à la formation de la terre, il faut cependant, pour répondre à cette simple question, examiner de près notre globe, et même, par la pensée, faire une excursion dans ses profondeurs les plus inconnues et les plus effrayantes.

La terre, extérieurement tantôt froide et tantôt brûlante, selon les saisons et selon les climats, n'est à l'intérieur qu'un amas de matières incandescentes, c'est-à-dire portées au plus haut degré de chaleur que l'on puisse imaginer. Cela s'appelle le feu central. Au-dessus et tout autour règne une croûte solide, qui est le sol que nous foulons, que nous remuons, que nous creusons. Il est à peu près impossible de dire quelle est l'épaisseur de l'écorce terrestre et, par conséquent, l'étendue du foyer central. On suppose cependant qu'elle est assez mince, puisque, comme nous le verrons plus tard, elle est en réalité flexible et élastique comme une immense balle de caoutchouc. La plus grande partie du volume intérieur de la terre serait donc en liquéfaction. Je dis bien : en effet, telle est la chaleur du feu central que toutes les matières qui le composent sont non pas rougies, mais fondues. Là, tous les métaux et tous les minéraux, le fer et le granit par exemple, ne forment plus qu'une bouillie brûlante. Tous ces corps, en se mêlant et en se combinant à l'infini, produisent d'énormes quantités de gaz qui, plus légers et d'un volume beaucoup plus considérable que sous la forme liquide, tendent à monter d'une façon irrésistible. Rien ne les arrête. Arrivés à la croûte solide, ils fendent la terre par leur pression contre les parois, entraînant tout ce qui leur fait obstacle, et, une fois à la surface, s'élancent dans les airs avec un bruit formidable. En sortant, ces gaz font un certain vide dans le foyer; la matière ignée monte à son tour et se répand à l'extérieur. C'est absolument ce qui se passe lorsqu'on tire un coup de fusil : production de gaz, vide, sortie de la balle.

Les volcans nous expliquent la formation des montagnes. Lorsque les gaz intérieurs n'ont pas eu assez de force pour déchirer complètement l'écorce, ou lorsqu'ils ont trouvé trop de résistance, ils l'ont seulement bossuée, projetant violemment au dehors, par leur puissance d'expansion, des massifs rocheux comme les Alpes, les Pyrénées, ou de simples collines et des monticules. D'autres fois, comme je l'ai dit, en soulevant la montagne, ils y ont percé, pour sortir, une véritable cheminée : alors, la montagne est un volcan.

Parmi les volcans, les uns, comme le Stromboli, dans les îles Éoliennes, entre Naples et la Sicile, sont perpétuellement en activité. Aussi loin que l'on puisse remonter, le Stromboli a, sans aucune interruption, vomi des flammes et de la fumée : la nuit, il sert de phare aux navigateurs. D'autres n'entrent en éruption qu'à des intervalles plus ou moins rapprochés. Presque tous les volcans sont dans ce cas-là.

La hauteur des volcans est celle des montagnes. Il y en a de très élevés, comme l'Orizaba, dans la Cordillère des Andes, et beaucoup de volcans de cette région. L'Orizaba a 6,000 mètres au-dessus du niveau de la mer ; l'Etna, en Sicile, en a 3,500. Il y en a beaucoup de la même élévation, beaucoup de moindres. Il n'y a, du reste, aucun rapport entre la hauteur d'un volcan et sa violence, et les chiffres que je viens de donner sont de simple curiosité.

Si le feu joue un grand rôle dans les éruptions volcaniques, il est un autre élément qui y prend une grande part, c'est l'eau. A une profondeur variable dans l'intérieur de la terre s'étendent d'immenses nappes d'eau, formées par les infiltrations de la pluie. On sait que c'est là l'origine des sources naturelles ; ce sont ces nappes où vont s'alimenter les puits artésiens, souvent à de grandes profondeurs ; à des profondeurs moindres, les puits ordinaires. Il y a de ces nappes d'eau dont l'étendue est immense : en leur accordant une épaisseur proportionnelle, on a une masse liquide d'un volume égal à un lac ordinaire : ce sont, pour mieux dire, de véritables petits océans souterrains, répandus partout, souvent suspendus les uns au dessus des autres.

Qu'une simple fissure se produise dans le fond du bassin, l'eau s'écoule lentement ; si c'est un éboulement, le lac se vide en un instant. Ces eaux, tombant brusquement dans ce que nous avons appelé la cheminée d'un volcan, entrent aussitôt en ébullition, puis se vaporisent et, comme les gaz, et souvent en même temps qu'eux, déterminent l'éruption.

Les volcans ne rejettent pas seulement des matières enflammées. L'eau qui y pénètre en sort sous la forme de vapeur, puis se condense et retombe en pluie ; en même temps ou successivement, des cendres, de la boue, des pierres sont lancées au dehors. Mais la matière la plus caractéristique qui sorte de la bouche d'un volcan, c'est la lave. La lave, dit un voyageur et un savant, M. Boscowitz, c'est une masse de matière minérale liquéfiée ou fondue dans le foyer volcanique et qui, en perdant sa haute température, prend la consistance d'une pierre. Lorsque la lave se refroidit, elle forme une substance dure, compacte, le plus souvent sonore, communément de couleur grise ou noirâtre. Quoiqu'on ait donné le nom de lave à toutes les roches qui sortent des volcans sous cette forme de fluidité ignée, elles se composent de minéraux très variés, elles diffèrent selon les volcans, et le même volcan ne vomit pas toujours les mêmes laves. Les éléments dont se composent les laves sont généralement cristallisés sous les formes diverses de feldspath, mica, augite, quartz, fer titané, etc. Il est inutile de s'arrêter à ces mots-là, dont nous avons, du reste, abrégé la liste; donnons plutôt les noms des espèces de laves les plus faciles à distinguer. Les laves que l'on rencontre le plus souvent dans les terrains volcaniques sont la basalte, dont la couleur varie du noir à l'ardoise foncé; la trachyte, qui est brune, blanche ou jaune; la greystone, gris clair, comme le dit son nom qui est anglais; enfin, l'obsidienne est vitreuse et presque transparente.

Les volcans, même ceux qui sont éteints, sont toujours faciles à distinguer des autres montagnes. Leur forme est significative. On peut dire qu'ils ressemblent à un immense pain de sucre entamé par le haut; d'un mot plus savant, ce sont des cônes tronqués. Souvent la base du volcan, loin d'être régulière, s'élargit, se hérisse de pointes, en un mot s'éloigne singulièrement de la forme que nous lui assignons; mais, à de bien rares exceptions près, l'extrémité est régulièrement un cône, et c'est le nom qu'on lui donne. Sur le sommet tronqué du cône s'ouvre une vallée circulaire, dont la profondeur et la largeur varient; c'est le cratère. Cratère, en grec, signifie une coupe, un calice ; le mot est juste. Au fond de la vallée se trouve une ouverture, que l'on appelle la bouche du cratère : elle se prolonge dans l'intérieur de la montagne et descend jusque dans le foyer du volcan. Généralement, à la suite d'éruptions successives, il se forme une sorte de mur autour de la bouche du cratère ; d'autres fois, elle est presque à ras du sol.

Il y a des bouches de cratères qui sont immenses. Celle du Pichincha, dans l'Amérique du Sud, a une lieue de circonférence. Au milieu on distingue, à une profondeur incommensurable, la cime d'autres montagnes souterraines : c'est une montagne creuse qui en renferme d'autres, comme une gaine gigantesque. L'illustre voyageur et naturaliste Humboldt, qui visita ce cratère et tenta en vain d'y descendre, a écrit que c'est là un des spectacles les plus prodigieux et les plus effrayants qu'il soit donné à un homme de contempler. Il en garda une profonde impression, et il s'en est souvenu toute sa vie.

Il est bon de redresser ici quelques idées fausses au sujet de la configuration intérieure de la terre. On s'imagine souvent que la terre est une masse solide. Si l'on admet le feu central, on n'en croit pas moins que l'écorce terrestre qui l'entoure est compacte : c'est une erreur. Il serait plus juste de dire que la terre est sinon creuse, du moins pleine de trous et de crevasses. Cet exemple rapporté par Humboldt en est la preuve, mais il y en a bien d'autres que nous aurons l'occasion d'exposer plus tard.

Ajoutons qu'il y a des volcans qui n'ont pas de cratère. Alors, lorsqu'il se produit une éruption, c'est que les flancs de la montagne se sont déchirés. C'est ce qui eut lieu dans l'éruption du mont Ararat, en 1840.

Au reste, la forme des cratères est très variable. Quelques-uns sont d'immenses plaines, remplies elles-mêmes de petites montagnes fumantes, comme le cratère du Mauna-Loa, dans l'île Hawaï. Celui du Popocatepetl, au Mexique, est un profond abîme aux bords taillés à pic : on y descend au moyen de cabestans pour en retirer le soufre, qui se trouve en immenses quantités et très pur, près des crevasses dont il est sillonné. En Islande, il y a de petits cratères éteints autour desquels la lave a élevé comme un dôme à peine percé au sommet. La bouche en est depuis longtemps fermée. Les habitants y creusent une ouverture et s'en servent comme de bergerie. Il y en a d'autres auxquels la lave n'a élevé qu'une enceinte et dont on fait des jardins, jardins clos plus solidement et à moins de frais que par le meilleur des maçons.

En résumé, la configuration du cratère d'un volcan en activité change à chaque éruption. Les éruptions sont de formidables marées terrestres, mais des marées que l'on ne peut prévoir ; et, de même que le long des rivages de la mer les marées d'équinoxe, favorisées par la tempête, bouleversent presque toujours les grèves et les dunes, les éruptions modifient souvent d'une façon méconnaissable la forme extérieure des cratères.

Au fur et à mesure que nous en trouverons l'occasion, dans la suite de cette étude, nous donnerons de nouvelles et nombreuses explications sur les volcans et leurs phénomènes : passons maintenant en revue les principaux volcans du globe. Les contrées où l'on en rencontre le plus sont, en Europe, l'Italie, l'Islande. En Amérique, la Cordillère des Andes est une longue chaîne de volcans. Les îles de l'Atlantique, du Pacifique et de l'océan Indien sont, en grande partie, volcaniques. C'est ainsi qu'on a nommé Cercle de Feu toute la portion du globe qui s'étendrait dans les limites tracées par une ligne partant de l'extrémité sud de l'Amérique, remontant par les Andes jusqu'au Kamtchatka et revenant de là, à travers les groupes d'îles de l'Océanie, jusqu'à la Nouvelle Zélande pour rejoindre son point de départ en passant par la région glacée australe. En Asie, on trouve quelques volcans dans la partie centrale. L'Afrique, qui commence à être connue, paraît n'en pas avoir.

Au reste, si l'on peut facilement compter les volcans en activité, le nombre des volcans éteints ou des régions volcaniques serait beaucoup plus difficile à établir. Souvent, la trace des éruptions passées a complètement disparu, et c'est seulement en creusant le sol qu'on reconnait, par sa formation, son origine volcanique.

Il faut ajouter que la tranquillité de la terre n'est qu'apparente. Les forces qui l'ont créée ne se reposent qu'à demi ; nous ne les voyons pas, nous ne les sentons pas toujours à l'œuvre, elles n'en travaillent pas moins, prêtes à faire éclater soudain leur puissance.

Il est donc probable que les centres volcaniques ont été autrefois, dans les premiers temps du monde, beaucoup plus nombreux qu'aujourd'hui, et, en même temps, le cercle de leur action beaucoup plus étendu. C'est ainsi que l'Europe presque tout entière a été le théâtre d'immenses bouleversements qui ont laissé, notamment en France, des marques faciles à reconnaître. Mais nous aurons l'occasion de revenir là-dessus. Reprenons la suite de notre sujet. Nous avons nommé, d'abord, l'Italie comme région volcanique; c'est avec intention. C'est là, en effet, que se trouve le volcan le plus connu, je dirai même le plus célèbre, le Vésuve, situé près de Naples.

Depuis le commencement de l'ère chrétienne, ses éruptions, presque toujours terribles, se sont suivies à quelques années de distance ; mais la plus importante, à tous les points de vue, fut celle de l'an 79. Nous y reviendrons longuement, car le Vésuve est, en réalité, le héros de ce petit livre.

Après le Vésuve, l'Etna. L'Etna se trouve en Sicile, au sud de l'Italie. Un grand poète latin, Virgile, a décrit en quelques vers une éruption de l'Etna dans son magnifique poème de l'*Énéide*, où il raconte les aventures du héros troyen Énée qui, après la prise et la destruction de la ville de Troie, par les Grecs, erra sur les mers et vint en Italie, selon la légende latine, jeter les premiers fondements de l'empire romain

« ... Cependant, le vent nous quitte avec le soleil. Fatigués, nous touchons aux rives des Cyclopes. Près du port, inaccessible aux vents, l'Etna tonne dans ses effroyables éruptions. Tantôt, lançant un noir nuage mêlé de fumée, il roule des globes enflammés ; tantôt, vomissant des rocs de ses entrailles ardentes, il mugit, rassemble dans les airs les pierres calcinées, et bouillonne au fond des abimes.

» Encelade, le corps à demi brûlé par la foudre, est enseveli sous cette masse. A travers les soupiraux du grand Etna qui le presse, il exhale la flamme, et, chaque fois qu'il retourne ses flancs fatigués, toute la Trinacrie (la Sicile) tremble, le ciel se couvre de fumée.

» Effrayés de ce prodige, nous passons la nuit sous le toit des forêts, sans voir la cause de ce fracas horrible; les astres étaient sans clarté, le pôle ne brillait pas des célestes splendeurs, et les nuages d'un ciel obscur enveloppaient la lune de ténèbres. »

Les Cyclopes étaient, selon la légende, des géants monstrueux, n'ayant qu'un œil au milieu du front et qui, dans les cavernes voisines de l'Etna, forgeaient des armes pour Jupiter sous la direction de Vulcain, le dieu du feu, forgeron lui-même. Les armes qu'ils fabriquaient ainsi, c'étaient les foudres célestes que Jupiter lançait sur les mortels pour les châtier.

Encelade était le plus célèbre de ces Titans, autres géants qui se révoltèrent contre Jupiter, le maître du monde. Après une lutte terrible, où le

L'ETNA.

dieu fut vainqueur, Encelade fut enseveli sous le mont Etna, et les éruptions de ce volcan étaient causées, disait-on, par les efforts violents que le géant faisait pour délivrer ses épaules du fardeau qui l'accablait. « Toutes les fois que le géant se remuait, ajoute la fable, il faisait jaillir des flammes ou bouleversait la terre et les eaux. »

Au sujet de cette croyance et pour en expliquer l'origine, M. E. Reclus, le célèbre géographe, a dit excellemment : « On ne peut s'empêcher de contempler ce volcan comme s'il était un être doué d'une vie individuelle et jouissant de la conscience de sa force. Les traits de l'Etna, si réguliers et si nobles dans leur repos, ont quelque chose de la figure d'un dieu endormi : ce n'est point là, ainsi que le dirait la légende antique, la montagne qui pèse sur le corps d'Encelade, c'est le Titan lui-même... »

C'est ainsi que les peuples primitifs, qui ne peuvent se rendre compte des causes physiques des grands phénomènes de la nature, leur attribuent une origine surnaturelle. Rien d'extraordinaire à ce que les volcans aient excité l'imagination des premiers hommes qui habitèrent la Grèce et la Sicile. Je n'ai pas besoin de dire qu'au temps de Virgile, contemporain de l'empereur Auguste, cette fable des Titans et des Cyclopes était à peine admise par le peuple, et que le poète, en la rapportant, n'y cherche qu'une image poétique. Très redouté des anciens, l'Etna, par un phénomène assez explicable d'ailleurs, a gardé le silence du jour où le Vésuve éleva sa voix terrifiante. Les volcans, en effet, sont considérés comme des soupapes qui protègent la terre contre une formidable explosion. De même, les locomotives ont leur soupape de sûreté ; sans cela, à la moindre pression dépassant les limites de la résistance calculée par le constructeur, elles éclateraient.

Celui qui a créé la terre, immense machine bien plus compliquée et bien plus sensible que la plus merveilleuse des machines humaines, a, comme ferait un ingénieur, pris des précautions pour la solidité de son œuvre. Ainsi les cataclysmes les plus terribles ne se produisent souvent que pour en prévenir de plus terribles encore.

Ce n'est qu'après environ un millier d'années de silence que l'Etna a repris son activité par des éruptions assez rapprochées et dont la dernière a eu lieu en 1865.

L'Islande, île très étendue du nord de l'Europe, est presque tout entière un rocher volcanique. C'est là que se trouve l'Hécla, dont les éruptions périodiques jettent la désolation dans le pays. A la suite de l'éruption de 1783, le volcan avait vomi tant de cendre et de poussière que l'atmosphère en resta obscurcie pendant un an entier, jusqu'à ne laisser passer qu'à grand'peine les rayons du soleil.

Puisque nous sommes en Islande, disons un mot des volcans d'eau chaude. On les appelle dans la langue irlandaise *geysers*, mot qui signifie aussi *fureur*. C'est, en effet, avec une violence sans égale que ces volcans lancent en l'air des gerbes d'eau brûlante. Quelques-unes s'élèvent jusqu'à 100 pieds de hauteur.

La plus célèbre de ces fontaines jaillissantes est celle que l'on appelle le Grand-Geyser. Voici comment en parle un voyageur qui l'a visité : « L'éruption s'annonce par un frémissement du sol, dans le sein duquel on dirait entendre de sourdes décharges d'artillerie. On voit, d'abord, déborder les eaux (le cratère de ces volcans d'eau chaude est un bassin au centre duquel s'ouvre le canal de la source) ; elles coulent avec bruit, puis, quelques instants après, il se manifeste à la surface d'énormes bouillons, qui atteignent deux ou trois pieds de hauteur. Alors tout rentre dans le calme, mais presque aussitôt aux bouillons succèdent des jets qui s'élèvent de plus en plus, jusqu'à la hauteur de huit à dix pieds environ. Puis, ainsi que dans nos feux d'artifice, après un instant de repos pendant lequel il paraît rassembler ses forces, le Geyser, par un dernier jet, étale dans les airs une immense gerbe d'eau dont l'épi le plus élevé m'a semblé atteindre ordinairement cent pieds au moins de hauteur. Une masse énorme de vapeur blanche plane un instant, puis le Geyser, calmé, coule comme une simple source d'eau chaude, à ras du sol. L'eau du Geyser est généralement claire, sans mauvais goût, bonne à boire, quand elle est refroidie. »

A la même famille appartiennent aussi les volcans de boue, qu'on appelle *Salses*. Au lieu de rejeter des matières enflammées, des cendres et de l'eau comme les geysers, ils rejettent de la boue. On voit surgir du cratère une colonne de vapeur ;

puis, une lourde gerbe de boue mêlée de pierres s'élance en l'air. Une chaleur intense se manifeste, les flancs du volcan s'entr'ouvrent, et, au lieu de lave, c'est un torrent de vase bouillante qui se précipite. Souvent de cette vase s'élèvent quelques flammes, produites par les gaz inflammables qui s'en exhalent.

La cause de ces éruptions boueuses est la même que celle qui provoque les éruptions volcaniques proprement dites : les gaz souterrains et les vapeurs. Leur forme est également la même.

Il y a encore une troisième espèce de volcans, les *solfatares*, au bord desquelles on trouve quantité de cristaux de soufre et qui laissent constamment s'échapper des fumées et des vapeurs sulfureuses. Nous ne nous y arrêterons pas.

Dans l'océan Atlantique, non loin de la côte d'Afrique, est un volcan, le Pic de Ténériffe, une des îles Canaries, qui, comme l'Hécla, a plusieurs fois ravagé l'île par ses éruptions et ses ruisseaux de lave qui se répandent au loin. C'est en 1704 qu'a eu lieu une des dernières et la plus terrible de toutes.

La chaîne des Andes n'est, comme nous l'avons déjà dit, qu'une suite de volcans. On y remarque le Cotopaxi, non loin de la ville de Quito, capitale de la République de l'Équateur. Pendant sa terrible éruption de 1533, le Catopaxi lança jusqu'à une distance de trois lieues des blocs de trachyte du volume de 100 mètres cubes. Ce fait, bien qu'extraordinaire, est absolument prouvé par les traînées qui partent de ces pierres et se dirigent toutes vers le volcan.

Les volcans ne sont pas moins nombreux au Chili, au Pérou, dans la Bolivie. Au Mexique se trouve le Popocatepetl, qui est en même temps une des plus hautes montagnes du globe avec ses 6,000 mètres d'élévation au-dessus du niveau de la mer. C'est, du reste, la hauteur du Cotopaxi et de quelques autres montagnes du même système orographique.

Je n'ai pas à faire ici un cours de géographie, mais je veux parler encore de deux volcans remarquables par leur situation. On ne trouve pas de volcans partout ; mais, bien entendu, malgré qu'ils soient d'immenses et formidables bouches de chaleur, leur existence n'est en aucune façon liée avec le climat. Il est, cependant, permis d'éprouver une certaine surprise lorsqu'on rencontre un volcan dans les régions des glaces éternelles.

De 1838 à 1841, une expédition, composée de vaisseaux appartenant à la France, à l'Angleterre et aux États-Unis, envoyée en découverte vers le pôle sud, aperçut, au delà des grandes banquises, une ligne de côtes très élevées d'où émergeaient plusieurs pics glacés dont l'un était un volcan en pleine activité ; un autre paraissait être, à sa forme, un volcan éteint. Du nom des vaisseaux anglais commandés par le capitaine James Ross, ils reçurent les noms de l'*Erebus* et le *Terror*. Ces deux volcans voisins furent découverts le 11 janvier 1841. Du sommet de l'Erebus s'échappait une longue colonne de flammes, et ce ne fut pas sans étonnement que les marins contemplèrent ce volcan couvert de neiges et qui, peu d'années auparavant, comme on en jugea par les ruisseaux de lave solidifiée qui partaient du cratère, avait vomi des torrents de feu dans le séjour impitoyable du froid, dans cette région dont les glaces sont peut-être contemporaines de la création du monde.

J'aurais peut-être dû commencer par la France, car, si en France il n'y a plus de volcans, il y en a eu.

Les anciens volcans se trouvent un peu partout en Europe : la Hongrie, l'Italie, la Grèce, l'Espagne, l'Angleterre et enfin la France présentent un très grand nombre de cratères éteints. En France, des traces de volcans se retrouvent le long des bords de la Méditerranée, dans le Velay et le Vivarais; mais c'est surtout en Auvergne que les phénomènes volcaniques ont laissé les marques les plus frappantes de leur ancienne apparition. Sur les montagnes de l'Auvergne, on peut compter plus de cent cratères, dont le plus remarquable est le Puy-de-Pariou, qui n'a pas loin d'un kilomètre de circonférence. Aux environs de Montpellier, on trouve cinq cônes volcaniques, parmi lesquels on cite celui de Montferrier.

Il en est de même aux environs de la ville du Puy. Près de cette ville, au Mont-Denise, on a trouvé une caverne renfermant des ossements humains recouverts de matières volcaniques, ce qui prouve que, si les dernières éruptions qui se sont produites en France sont très lointaines, elles ont eu cependant l'homme pour témoin.

Avant d'aller plus loin, il me faut dire un mot d'un phénomène qui, parfois, se manifeste seul, mais accompagne toujours les éruptions : le tremblement de terre.

Tout d'un coup le sol se soulève, ondule comme les vagues ; cela dure quelques minutes, souvent quelques secondes, et tout rentre dans le calme. Mais, malgré sa rapidité, un tremblement de terre est une chose terrible. Là où il a passé, rien ne reste debout, pour peu que la secousse ait été un peu violente : les maisons tombent les unes sur les autres et s'écroulent en un clin d'œil.

Quelquefois on entend, comme un bruit précurseur, de longs roulements souterrains ; presque toujours le phénomène est instantané et, par conséquent, impossible à prévoir. Mais, à côté de tremblements de terre qui amènent d'effroyables catastrophes, comme celle dont Lisbonne fut victime au siècle dernier et que nous décrirons plus tard, il y a les simples secousses, les oscillations, dont les effets et les dangers sont variables comme celles que nous ressentons quelquefois en France. Nulle contrée, en effet, n'est à l'abri des tremblements de terre. Des pays même où il n'y a plus de volcans en ont subi : telle est l'Angleterre. C'est ce qui a donné bien des raisons de douter que les tremblements de terre, bien qu'ils accompagnent généralement les éruptions, aient une origine volcanique. En effet, non seulement l'Angleterre n'a pas de volcans mais ce n'est même pas un terrain volcanique, et il faut bien assigner une autre cause aux tremblements de terre ou leur en assigner plusieurs. ce qui est sans doute la vérité.

Les causes des éruptions, nous l'avons dit, sont multiples : les causes des tremblements de terre sont les mêmes d'abord, puis il y en a quelques autres. telles que les éboulements souterrains, sans parler de certaines influences magnétiques bien difficiles à comprendre et qu'on n'a pas encore pu définir.

Ceux qui ne veulent pas séparer les tremblements de terre des volcans les donnent comme la conséquence d'éruptions sous-marines, restées inconnues. Jusqu'à ce qu'on sache l'exacte vérité (si jamais on la découvre), toutes les suppositions logiques sont permises. Pour moi, fort de plusieurs autorités scientifiques, je pencherais pour l'hypothèse suivante. Les deux phénomènes ont la même cause : production de gaz, de vapeurs qui pressent l'écorce terrestre et cherchent à s'échapper au dehors. Lorsque l'écorce cède, il se forme une montagne ; si elle cède entièrement, un volcan. Si la pression n'est pas assez puissante, l'écorce terrestre trop résistante ou trop épaisse, ou si les forces expansives des gaz et des vapeurs se disséminent sur plusieurs points à la fois, il y a seulement tremblement de terre.

Éruptions terrestres, éruptions sous-marines et soulèvements (nous parlerons plus tard de ces deux phénomènes-là), tremblements de terre sont donc au fond la même chose, sous des formes différentes. C'est e travail des forces primitives qui se continue et qui, après avoir soulevé les continents au-dessus des eaux et bouleversé plusieurs fois la surface de la terre, achève son œuvre. Ces forces, dont l'activité fut immense aux premiers jours du monde, s'apaisent en attendant qu'elles défassent ce qu'elles ont fait.

Maintenant, ou depuis les temps historiques, les éruptions et les soulèvements volcaniques sont encore assez fréquents ; ils l'étaient bien plus dans les premiers temps du monde. Peu à peu notre globe s'est affermi, il semble être arrivé à une période de stabilité relative ; au moins sa constitution ne se modifie plus que d'une manière insensible, et les cataclysmes sont à l'état d'exception.

Avant de montrer ce que l'on est en droit d'exiger d'après le titre de ce volume, c'est-à-dire un volcan en éruption, il faut encore examiner comment et dans quel ordre se produisent les divers phénomènes qui constituent le phénomène principal. Ceci est nécessaire pour bien comprendre le récit que je rapporterai ensuite.

On voit d'abord apparaître une épaisse fumée, qui plane au-dessus de la montagne sous la forme étrange, mais caractéristique, d'un pin-parasol : c'est, du reste, le terme de comparaison consacré. En même temps, dans les environs du volcan et même à de grandes distances, un tremblement de terre se fait sentir ; cependant, on a vu des éruptions se produire sans que le tremblement de terre les ait précédées.

Après la fumée, ce sont les gaz qui s'échappent. Les uns prennent feu au contact de l'air (comme les gaz qui produisent les feux follets) et s'élancent en flammes gigantesques. D'autres, plus lourds, retombent au pied du volcan. où ils viennent former une couche d'air irrespirable. En même temps que du cratère, ces gaz sortent par les flancs de la montagne et même du sol, souvent dans un circuit très étendu. Autour de quelques volcans, ou dans certains terrains volcaniques, des gaz délétères s'exhalent constamment et enveloppent, pour ainsi dire, le sol d'une atmosphère mortelle. C'est ce qui a lieu dans une grotte située non loin de Naples, près du lac Agnano, et appelée la Grotte du Chien. Un homme peut s'y tenir debout sans ressentir le moindre malaise, tandis que les animaux de petite taille y périssent infailliblement. Les guides qui montrent cette caverne font ordinairement l'expérience avec un chien — sans toutefois le laisser mourir — d'où le nom qu'on lui a donné. Souvent, la même malheureuse bête est à demi asphyxiée plusieurs fois de suite pour le plaisir de quelques touristes et le bénéfice de son maître. Une fissure laisse échapper du gaz acide carbonique qui, plus pesant que l'air, forme près du sol une couche dont l'épaisseur ne dépasse pas environ deux pieds.

Près du lac Agnano se trouve le lac Averne, dont les bords, plantés de vignes qui se mirent dans ses eaux bleues, jadis désolés et solitaires, étaient l'effroi des anciens. La quantité de gaz méphitiques qui s'en exhalait était telle que les oiseaux qui se hasardaient à franchir le lac d'un bord à l'autre tombaient bientôt sans force, la tête penchée, dit le poète Lucrèce, et ne tardaient pas à trouver la mort. La mythologie plaçait là l'entrée des Enfers. C'est de là que le héros de Virgile, Énée, descend dans le séjour des ombres. De toutes ces légendes et de toutes ces terreurs il ne reste maintenant que quelques curiosités naturelles.

Après les gaz sortent du cratère les nuages de vapeur d'eau, qui se condensent, se résolvent en pluie, et souvent, par leur abondance, causent de terribles inondations. On voit que, dans les éruptions, l'eau a une part presque aussi grande que le feu.

L'électricité que dégagent les nuées et les vapeurs amène des orages : le tonnerre ne se fait entendre que faiblement, mais des éclairs immenses sillonnent le ciel.

Vient ensuite un des phénomènes les plus dangereux : des cendres chaudes, très légères, sortent en grande quantité du cratère, retombent aux environs et font quelquefois disparaître les plis du terrain sous une épaisseur de cinq à six mètres. D'autres fois, elles couvrent seulement le sol d'une légère couche, à peu près comme le fait la neige ; elles tombent lentement comme elle, mais plus compactes. A la cendre se trouvent souvent mêlées des pierres qui, projetées au loin, font l'effet de boulets lancés par un canon. Ce sont même plutôt des obus, car elles sont, la plupart, incandescentes, et, comme les obus, plus d'une fois ces projectiles étranges ont allumé des incendies.

Ces cendres très fines sont quelquefois portées par le vent à des distances incroyables. Pendant l'éruption du Vésuve de l'an 79, elles arrivèrent jusqu'à Rome, et l'historien grec Procope prétend que, dans une éruption postérieure, le Vésuve envoya des cendres jusqu'à Constantinople.

Alors les flancs de la montagne se déchirent, et à la fois, par ces crevasses et par le sommet, s'échappent en bouillonnant des ruisseaux de laves incandescentes qui descendent renversant et brûlant tout sur leur passage. C'est une véritable inondation de feu. La couleur de la lave varie, quand elle est en incandescence, du rougeâtre au blanc brillant. A mesure qu'il sort du volcan, il se forme sur le ruisseau de lave une croûte qui augmente progressivement d'épaisseur pendant que la lave coule encore dessous. Quelquefois, elle s'élance très fluide et court avec rapidité; d'autres fois, elle est comme pâteuse et a peine à descendre. On en a vu, au contraire, qui jaillissait, comme l'eau d'un geyser, en gerbes enflammées. La lave incandescente atteint une grande chaleur; le fer et même la pierre y fondent en un instant, après une sorte de pétillement particulier. Après les laves, c'est fini.

Peu à peu, le calme renaît, le cratère redevient sombre et muet, tout phénomène cesse. Seule une petite fumée blanche continue à s'élever lentement au-dessus de la montagne, comme une menace, ou, tout au moins, comme un avertissement pour l'avenir.

Je l'ai déjà laissé entendre, le véritable sujet de ce petit livre c'est la fameuse éruption du Vésuve de l'an 79; aussi, malgré la chronologie, c'est par là que je terminerai après avoir donné, comme introduction, un résumé des principales éruptions et des tremblements de terre les plus célèbres. Mes lecteurs seront ainsi mieux préparés, par quelques détails préliminaires, au récit d'un fait unique au monde et qui passionne encore les hommes après des siècles.

Laissons donc, pour un instant encore, la première éruption du Vésuve, et passons d'un bond à celle du même volcan en 1737. Nous en empruntons le récit à un journal du temps, recueil très sérieux, que nous pouvons consulter en toute confiance. Les descriptions que nous donnons seront toujours, du reste, celles de témoins oculaires. C'est ce qu'il convient lorsque l'on veut entendre la vérité.

Voici donc ce que disent les *Transactions philosophiques :*

« Le lundi 20 mai, à neuf heures du matin, le volcan fit une si forte explosion que le choc fut sensible à plus de trois lieues à la ronde. Une fumée noire mêlée de cendres parut s'élever tout d'un coup en vaste globe ondoyant, qui se dilatait en s'éloignant du cratère. Les explosions continuèrent très fortes et très fréquentes toute la journée, lançant de grosses pierres au milieu des tourbillons de fumée et de cendres jusqu'à plus de trois cents pieds de hauteur.

» A huit heures du soir, au milieu du bruit et

d'affreuses secousses, la montagne creva sur la plaine à un quart de lieue du sommet, et il sortit un torrent de feu de la nouvelle ouverture. Dès lors, toute la partie méridionale de la montagne parut embrasée; le torrent roula dans la plaine au-dessous, qui a plus d'une lieue de longueur. Il s'élargit bientôt, et atteignit l'extrémité de la plaine et le pied des monticules qui sont du côté sud; mais ces monticules étant composés de rochers escarpés, la plus grande partie du torrent coula dans les intervalles de ces rochers, parcourant deux vallons, et tomba successivement dans l'autre plaine qui forme la base de la montagne. En même temps, la bouche du sommet vomissait une grande quantité de matières brûlantes; on voyait, en outre, des pierres ardentes s'élancer du haut de la montagne au milieu d'une épaisse fumée, accompagnée d'éclairs et de tonnerres fréquents.

» Les vomissements enflammés continuèrent jusqu'au mardi, et, ce jour, l'éruption des matières fondues, les éclairs et le bruit cessèrent: mais un vent du sud-ouest s'étant mis à souffler fortement, les cendres furent charriées en grande quantité jusqu'aux extrémités du royaume. Dans quelques endroits, elles étaient très fines; dans d'autres, grosses comme du gravier. Dans le voisinage du Vésuve, on éprouva non seulement la pluie de cendres, mais encore une grêle de pierres ponces et autres.

» La fureur du volcan ayant commencé à s'apaiser le mardi au soir, le dimanche suivant il n'y avait presque plus de flammes à la bouche supérieure, et, le lundi, on ne vit que peu de fumée et de cendres. Il commença de pleuvoir abondamment ce jour-là, et la pluie continua plusieurs jours ensuite, circonstance qui a constamment accompagné les éruptions. »

S'il n'y a pas eu, du moins d'aussi loin que l'on se souvienne, d'éruptions volcaniques en France, si les cratères de l'Auvergne sont refroidis et muets depuis des siècles, nous ne sommes pas à l'abri d'un autre phénomène de la même famille, et récemment encore un tremblement de terre a mis en émoi les habitants du Vivarais et du Dauphiné.

En 468, un tremblement de terre ruina la ville de Vienne, et ce fut à la suite de ce désastre que saint Mamert, évêque de cette ville, institua les Rogations. Un autre, en 842, ravagea pendant sept jours le nord de la France, et ceux de 801, 829 et 950 se firent sentir à peu près dans toute l'Europe. Depuis cette époque jusqu'à nos jours, on en cite dix-neuf qui aient renversé des édifices publics ou des maisons : la Provence et la région des Pyrénées furent particulièrement éprouvées.

En 1866, plusieurs secousses furent ressenties en France; l'année suivante, ce fut en Algérie. Enfin, le 14 juillet 1873, quelques oscillations furent ressenties à Montélimar, à Donzères et à Viviers : ces premières secousses furent très légères, mais le phénomène entra, le 19 juillet, dans une période plus grave. « Ce jour-là, dit un correspondant du journal *la Nature,* nous subissions une nouvelle secousse à 3 heures 55 mi-

L'HÉCLA

nutes; la durée ne fut que d'environ 2 secondes : on eût cru que l'on se trouvait sur un pont tubulaire au moment où un train de chemin de fer y passe. A Viviers, à Rochemore, où existe un volcan éteint, à la Voulte, sur la rive droite du Rhône, à Saint-Paul-Trois-Châteaux, à la Garde, à Donzères, à Châteauneuf, à Montélimar, sur la gauche du Rhône, la secousse se fit sentir avec une extrême violence. Donzères et Châteauneuf ont été surtout éprouvés. Les maisons de la rue principale de cette dernière ville sont toutes lézardées, et, par mesure de précaution, on les a étayées. Un grand nombre d'habitants couchent actuellement sous des tentes, à la campagne. L'église est lézardée de haut en bas, et, pour cause de sûreté publique, elle est fermée aux fidèles. Les eaux de plusieurs sources des environs ont subitement changé de couleur. Les unes sont devenues noires, les autres rouges. »

Le 8 août, une nouvelle secousse se fit sentir, accompagnée de roulements souterrains. Pendant tout le temps du phénomène, les télégraphes électriques ne purent fonctionner que par intermittences. Enfin, on rapporte que la montagne de Navou se fendilla en plusieurs endroits, et que les sources qui en sortaient furent complètement taries. La dernière oscillation eut lieu le 11 août : la durée totale de ce tremblement de terre fut donc presque d'un mois.

« Le tremblement de terre, disait l'illustre voyageur Alexandre de Humboldt, est le phénomène qui trouble le plus la raison humaine et cause à l'homme l'effroi le plus insurmontable et le plus naturel en lui enlevant sa croyance dans la stabilité terrestre. Ce sol, qu'il jugeait immuable et destiné à le supporter sans secousse, il le sent tout à coup se dérober sous ses pas, onduler comme une mer houleuse, et le plus résolu tremble au moins un instant. Par leur soudaineté et leur rapidité, les secousses de tremblement de terre permettent à peine de fuir le danger, et souvent, lorsqu'on revient à soi, le désastre est accompli. »

Nous avons vu que les éruptions volcaniques sont moins soudaines; l'épaisse fumée qui sort du cratère montre que le péril va venir, mais qu'il est temps encore de l'éviter. Pourtant, les populations qui habitent un pays sujet aux tremblements de terre, toujours sur le qui-vive, réussissent quelquefois à échapper à un désastre imminent. Dans les villes des Andes, dont quelques-unes sont régulièrement détruites tous les dix ans, il y a des signaux convenus auxquels les habitants obéissent immédiatement en fuyant aux environs. Mais, en même temps, les fausses alarmes sont sévèrement punies, et c'est justice, car il serait cruel d'augmenter encore à plaisir, ou par légèreté les périodiques inquiétudes de ces malheureux. Ils finissent, cependant, par s'habituer à ces menaces perpétuelles; au premier danger, ils quittent la ville, vont camper, et quand tout est fini, ils reviennent, rebâtissent leurs maisons si (ce qui arrive presque toujours) elles ont été endommagées, puis reprennent leurs affaires jusqu'à la prochaine fois.

Les premiers habitants de ces contrées, avant la conquête des Espagnols, avaient en quelque sorte divinisé les volcans, mais en les regardant comme de dieux malfaisants ; croyances analogues à celles que nous avons vues chez les anciens, à propos de l'Etna. Les Indiens du Mexique avaient donné à leurs volcans des noms significatifs, et deux d'entre eux, Popocatepetl « le mont qui fume », et Iztaccihuatl, « la femme blanche », étaient l'objet de diverses superstitions. « Les Indiens, dit l'historien américain Prescott, avaient déifié ces montagnes célèbres, et « la femme blanche » était, à leurs yeux, l'épouse de son voisin formidable, « le mont qui fume ». Une tradition d'un ordre plus élevé les représentait comme le séjour des méchants chefs qui, par les tortures qu'ils éprouvaient dans leur prison de feu, occasionnaient les effroyables mugissements et les convulsions terribles qui accompagnaient chaque éruption (1). » Je trouve un autre détail curieux dans l'historien espagnol Solis : « Les Indiens n'étaient nullement effrayés par la fumée qui sortait du cratère, phénomène fréquent et quasi ordinaire du Popocatepec (2) ; mais le feu, qui ne se montrait que rarement, les attristait et les effrayait, présage pour eux des malheurs futurs. Ils croyaient, en effet, que les étincelles qui s'éparpillaient dans l'air, au lieu de retomber dans le volcan, étaient les âmes

(1) *Hist. de la conquête du Mexique*, livre III.
(2) Quel est le vrai mot indien? Le texte espagnol de Solis, d'où je traduis ce passage, porte *Popocatepec*. Je donne les deux orthographes.

des démons qui venaient châtier la terre et que leurs dieux, quand l'indignation les prenait, s'en servaient comme d'instruments propres à plonger les peuples dans la calamité (1). »

Les Espagnols, tout aussi superstitieux dans un genre différent que les Indiens, s'avisèrent, après la conquête, de bénir et de baptiser les volcans. Cet usage s'est maintenu. C'est ainsi que deux moines partirent un jour, se proposant de planter une croix au sommet d'un volcan du Nicaragua. On ne sait s'ils ont réussi dans leur entreprise, mais on ne les a jamais revus.

Avant cette digression, nous parlions des tremblements de terre ; nous ne nous sommes pas éloigné de notre sujet autant qu'on pouvait le croire, car nous n'avons pas quitté le pays qui est, pour ainsi dire, le théâtre de prédilection de ces phénomènes souvent terribles.

La ville de San-Salvador, dans l'Amérique centrale, a été détruite de fond en comble et rebâtie huit fois depuis un siècle et demi, sans compter les secousses de moindre importance dont elle a souffert. Construite en amphithéâtre sur le flanc d'un volcan, cette malheureuse ville est entourée de sept autres volcans. Jamais le courage des habitants n'a faibli. Ils reviennent toujours remettre debout les ruines encore fumantes de leur cité. C'est en 1873 que San-Salvador fut détruite pour la huitième fois.

En 1801, la ville de Mendoza, au Chili, fut

(1) *Hist. de la conquista de Méjico*, III, 4.

entièrement anéantie. « Jamais de mémoire d'homme, raconte-t-on, une ville n'avait été surprise avec une telle violence et sans que le tremblement eût été précédé, au moins pendant quelques secondes, de ces grondements lointains et souterrains qui laissent le temps ou de fuir ou de se jeter dans les bras de ceux qu'on aime et de se faire un suprême adieu. Ce jour-là, en moins de quatre secondes, plus de dix-sept mille personnes furent enfouies sous les décombres. »

Que peut-on rêver de plus affreux que cet écrasement subit d'une population entière mourant sans avoir le temps de pousser un cri!

Nos colonies des Antilles, la Guadeloupe et la Martinique, sont perpétuellement ravagées par des tremblements de terre. En 1843, le 8 février, des secousses terribles se produisirent, et « la Guadeloupe offrit le plus affreux spectacle de ruine et de désolation. La capitale, Pointe-à-Pitre, s'écroula tout entière en quelques secondes, et l'incendie, éclatant au milieu des décombres, acheva l'œuvre de destruction. D'immenses crevasses, d'où jaillirent des tourbillons de vapeurs et de flammes, engloutirent des centaines de victimes. On compta plus de deux mille morts (1). »

Malgré ce que nous venons de rapporter, le tremblement de terre le plus tristement célèbre est celui qui détruisit Lisbonne au mois de novembre 1755. En voici le récit d'un témoin oculaire, le chirurgien anglais Wolfall; il fut

(1) Zurcher, *Volcans et tremblements de terre*, chap. VIII.

adressé par lui à la Société royale de Londres:

« Si vous avez d'autres correspondants ici, ils seront sans doute en état de vous donner une relation satisfaisante du terrible accident qui vient de détruire cette ville ; mais si vous n'en avez pas, le détail que le trouble de mes esprits pourra me permettre de vous en faire sera certainement préféré aux rapports incertains que vous trouverez dans les papiers publics. Tout ce à quoi je puis prétendre à présent, c'est de vous communiquer une histoire simple et sans parure, et c'est ce que je vais faire avec candeur et vérité.

» Il est peut-être nécessaire de vous dire d'abord que, depuis le commencement de l'année 1750, nous avons eu beaucoup moins de pluie qu'à l'ordinaire; on n'en avait jamais moins vu, de mémoire d'homme, jusqu'au printemps dernier, qui donna la pluie nécessaire pour produire des récoltes très abondantes. L'été a été plus frais que de coutume et, pendant les derniers quarante jours le temps a été très clair et très beau, sans cependant qu'il y eût rien de remarquable à cet égard.

» Le 1er de ce mois, vers 9 heures 40 minutes du matin, une très violente secousse de tremblement de terre se fit sentir; elle parut durer environ un dixième et, en ce moment, toutes les églises et les couvents de la ville, avec le palais du roi et la magnifique salle de l'opéra qui y est attenante, s'écroulèrent : en un mot, il n'y eut pas un seul édifice considérable qui restât debout; environ un quart des maisons particulières eurent le même sort, et, suivant un calcul très modéré, il périt environ trente mille personnes. Le spectacle affreux des corps morts, les cris et les gémissements des mourants à demi ensevelis dans les ruines sont au delà de toute description ; la crainte et la consternation étaient si grandes qu'on ne pensa à rien autre qu'à sa propre conservation. Le moyen le plus probable était de gagner les places découvertes et le milieu des rues. Ceux qui étaient dans les étages supérieurs furent, en général, plus fortunés que ceux qui tentèrent de s'échapper par les portes, car ceux-ci furent ensevelis sous les ruines, avec la plus grande partie des gens qui passaient à pied. Ceux qui étaient dans les voitures s'en tirèrent mieux, quoique les cochers et les chevaux fussent très mal traités ; mais le nombre des personnes écrasées dans les maisons et dans les rues ne fut pas comparable à celui des gens qui furent ensevelis sous les ruines des églises : comme c'était un jour de grande fête et l'heure de la messe, elles étaient toutes très pleines. Les clochers, qui étaient fort élevés, tombèrent presque tous avec les voûtes des églises, en sorte qu'il ne s'échappa que peu de monde.

» Si la misère eût fini là, elle aurait pu se réparer à un certain point, et, quoique les vies ne pussent être rendues, les richesses immenses qui étaient sous les ruines auraient pu être retirées en partie ; mais toute cette espérance fut perdue à cet égard, car, environ deux heures après le choc, le feu se manifesta en trois différents endroits de la ville : il était occasionné par les feux des cuisines, que le bouleversement avait rapprochés des matières combustibles de toute espèce. Vers ce temps aussi, un vent très fort succéda au calme et anima tellement la violence du feu qu'au bout de trois heures la ville fut réduite en cendres. Tous les éléments parurent conjurés pour nous détruire : aussitôt après le choc, qui fut à peu près au temps de la plus grande élévation des eaux, le flot monta, dans un instant, quarante pieds plus haut qu'on ne l'avait jamais observé, et se retira aussi subitement. S'il n'eût pas ainsi rétrogradé, la ville entière serait restée sous l'eau.

» Le temps de la durée du tremblement de terre fut de cinq à sept minutes. Le premier choc fut extrêmement court ; il fut suivi, avec la vitesse d'un éclair, de deux autres secousses, et l'on a généralement fait mention de trois ensemble comme d'une seule. Vers midi, il y en eut une seconde. J'étais alors dans le parvis du palais du roi ; j'eus l'occasion de voir les murs de plusieurs maisons qui étaient encore debout s'ouvrir, du haut en bas, de plus d'un pied et se refermer si exactement qu'il ne restait aucune trace de séparation. »

Ce tremblement de terre ne fut pas un événement local. Il fut ressenti tout le long de la côte du Portugal, au Maroc, en Italie, en Suisse et jusqu'en Norvège. Le Vésuve, alors en éruption, s'apaisa subitement au moment de la secousse, et enfin dans les petites Antilles, où la marée dépasse rarement soixante-quinze centimètres, les eaux grossirent tout à coup et montèrent à plus de sept mètres de hauteur. Il y eut donc un immense ébranlement souterrain qui secoua le globe entier, puisque, à la même heure, des phénomènes qu'on ne saurait attribuer à des causes diverses se manifestèrent sur toute la surface de la terre, bouleversant les eaux aussi bien que le sol.

Les violents effets de marée qui accompagnent les oscillations ont pour cause soit des éruptions, soit des tremblements de terre sous-marins. Il y a des volcans sous la mer : les soulèvements subits d'iles nouvelles en sont la preuve.

On a plusieurs exemples de ces soulèvements.

Dans l'Archipel, surtout aux environs de l'ile de Santorin, de temps en temps, il apparait un ilot qui, lentement, monte au-dessus de la surface de la mer, acquiert une certaine étendue, puis, ou bien reste stable, ou bien disparait au bout d'un certain temps. De nos jours, lorsque ce phénomène se produit, chacun de leur côté, les Turcs et les Grecs envoient un bateau prendre possession de la terre nouvelle ; on se dispute : pour un peu, on en viendrait aux mains. Or il arrive généralement que, avant que l'île ait un véritable possesseur, elle disparaît, emportant avec elle au fond de la mer, les prétentions rivales. Quelquefois, ces soulèvements sont d'une certaine importance. Voici le récit de l'apparition de l'ile Julia, entre Malte et la Sicile, en 1831. Le 8 juillet, un capitaine napolitain signala une île nouvelle au point que nous venons d'indiquer. Le gouvernement français y envoya le brick *la Flèche*, commandé par le capitaine Lapierre. Un naturaliste, M. Constant Prévost, faisait partie de l'expédition ; c'est à sa relation que nous allons emprunter les quelques détails suivants.

L'île paraissait comme une masse noire, solide, ayant tantôt la forme d'un dôme aplati, tantôt celle de deux collines inégales, séparées par un large vallon ; ses bords s'élevaient à pic, excepté d'un côté, d'où la vapeur s'échappait avec abondance. Une odeur sulfureuse, intense, suffocante, emplissait l'air.

Sur la partie du rivage qui descendait à la mer en pente douce, les vagues roulaient sur elles-mêmes en s'élevant jusqu'à douze et quinze pieds de hauteur. Au milieu de l'île, un cratère laissait s'échapper d'épaisses colonnes de fumée, et le sol était partout si brûlant qu'on avait peine à y tenir les pieds. Lorsqu'on put s'approcher du cratère, malgré les vapeurs qui se dégageaient par de nombreuses crevasses, on reconnut qu'il était plein d'une eau trouble et bouillante formant un lac d'environ 80 pieds de diamètre.

La circonférence de cette île était d'environ 700 mètres, sur 70 mètres de hauteur ; mais les bords se dégradaient déjà et s'éboulaient un mois après son apparition. « Il est facile de reconnaître, concluait M. Prévost, que, ces éboulements se continuant tous les jours, l'île s'abaissera graduellement jusqu'à ce qu'une grosse mer venant à enlever tout ce qui restera au-dessus de son niveau, il n'y aura plus à sa place qu'un banc de sable volcanique. » L'événement a donné raison au savant naturaliste. Au mois de décembre, il ne restait plus de l'île Julia qu'un banc sous trois mètres de profondeur.

Outre ces soulèvements accidentels, il y en a de périodiques ; tous les quatre-vingts ou quatre-vingt-dix ans il apparaît un îlot autour de San Miguel, l'une des Açores. Il y a aussi des soulèvements lents et perceptibles seulement au bout de longues années ; le sol de la Suède et de la Norvège s'élève continuellement, par un mouvement insensible, au-dessus des eaux de la mer Baltique. La terre gagne sur l'eau. Les Romains tenaient, sans doute avec raison, la mer Baltique pour une grande mer; dans quelques siècles, elle ne sera peut-être guère plus large que la mer Rouge. Il est certain que l'on doit attribuer ces soulèvements, même les plus insensibles, aux mouvements que subit l'écorce terrestre sous l'influence volcanique.

Il en est de même des affaissements du sol, que nous pouvons étudier en France. Les côtes de Bretagne baissent d'environ deux mètres par siècle. Dans dix siècles, le sol sera abaissé de vingt mètres, la presqu'île sera devenue une île, les plaines seront envahies par la mer, d'où n'émergeront que les plateaux et les collines qui, à leur tour et dans un temps donné, disparaîtront aussi. On ne peut douter que le Pas-de-Calais ne soit d'origine relativement récente, de formation contemporaine de l'homme. Il n'y a pas plus de dix siècles, un simple ruisseau séparait Jersey de la côte normande. On allait à Jersey en passant sur une planche, que le propriétaire du ruisseau, à cet endroit, était tenu de tenir toujours en bon état. Ce n'est pas une légende. Entre Avranches,

Granville et le mont Saint-Michel, vers l'an 800, il y avait encore une forêt habitée, dit-on, par des religieux solitaires. Étant donnée l'époque récente à laquelle nous remontons seulement, une cause lente serait ici inadmissible pour expliquer l'affaissement du sol. Tout me porte à croire que la mer n'a envahi cette langue de terre assez étendue qu'à la suite d'un violent tremblement de terre. Ce qui me confirmerait cette supposition c'est que la ville de Coutances, dans la même région, est assez sujette à de légères oscillations. La dernière secousse, à peine perceptible d'ailleurs, aurait eu lieu en 1873, coïncidant ainsi avec le tremblement de terre qui ravagea une partie de la vallée du Rhône. Il y a, du reste, dans le pays comme une vague tradition au sujet d'un tremblement de terre et même d'un volcan. On ne peut rien affirmer, l'étude géologique de cette contrée ayant été jusqu'ici très imparfaite.

En Bretagne, la tradition est beaucoup plus précise. On prétend que, tout le long des côtes de la presqu'île armoricaine, la mer a englouti un grand nombre de villes et de villages, et, à marée basse, à la pointe de Penmark on voit des pierres druidiques parfaitement reconnaissables à quelques mètres sous l'eau. A cet endroit se serait élevée jadis la ville d'Is, cité populeuse et prospère dont la destruction est attribuée à un tremblement de terre suivi d'une violente irruption des eaux.

Le anciens bardes bretons avaient consacré à cet événement plusieurs poèmes, et quelques épisodes légendaires relatifs à cette cité fantastique sont encore populaires en Bretagne.

Assurément, les cartes géographiques anciennes sont presque toujours fautives, mais les cartes modernes le sont encore davantage lorsqu'elles représentent la terre à l'époque de l'antiquité avec la physionomie qu'elle a maintenant. C'est commettre un anachronisme scientifique plus important que l'on ne croit.

Ainsi, on a longtemps traité de fable ce que Platon rapporte de l'Atlantide. Selon ce philosophe, une île très vaste, presque un continent, s'étendait à l'ouest des côtes d'Afrique et d'Europe, en face le détroit de Gibraltar. Cette île, très peuplée, couverte de cités florissantes, participant à la fois du climat torride et du climat tempéré, aurait été un des centres de la civilisation primitive, et aujourd'hui, loin de nier qu'elle ait existé, on cherche, par un prodige d'imagination, à la restaurer telle qu'elle a dû être et à étudier au moyen d'analogies, peut-être paradoxales, l'influence supposée des Atlantes sur les contrées voisines de leur île et sur leurs habitants.

Quoi qu'il en soit, la géologie vient à l'aide de la légende, et il n'est point douteux que les Canaries, les Açores et les îles du Cap-Vert, dont le sol est couvert de volcans, ne soient les derniers vestiges de cette contrée mystérieuse qu'un tremblement de terre d'une violence inouïe a fait disparaître un jour sous l'Océan, anéantissant à la fois un pays, un peuple et une civilisation

SECONDE PARTIE

De tous les volcans connus le plus célèbre est le Vésuve, et de toutes ses éruptions, celle qui a laissé le souvenir le plus vivant dans la mémoire des hommes, c'est l'éruption terrible qui, en l'an 79 de notre ère, détruisit et engloutit quatre villes : Pompéi, Herculanum, Stabies et Oplonte. C'est l'histoire de ce désastre que nous allons raconter. Aucun autre exemple ne serait aussi frappant, car, si le Vésuve a détruit, il a conservé les ruines qu'il a faites, et, sous les cendres qui enveloppaient Pompéi, on a retrouvé, palpitante encore, pour ainsi dire, une civilisation que les livres seuls pouvaient jusqu'ici nous faire connaître.

En 79, il y a de cela par conséquent plus de dix-huit siècles, le peuple romain possédait à lui seul presque tout le monde connu : la Gaule, comme on appelait alors la France, était une province romaine. Rome, la capitale de l'empire, était une ville deux fois grande et dix fois prospère comme la Rome italienne. Ainsi que Paris aujourd'hui, Rome était alors le rendez-vous de l'univers, le centre du monde civilisé, la merveille, la résidence de tous ceux qui avaient un nom ou une fortune. Pourtant, comme les Parisiens d'aujourd'hui, les plus riches d'entre eux allaient passer la saison d'été au bord de la mer. Les rivages de la Méditerranée étaient couverts de villas, riches maisons de campagne où l'on se reposait en contemplant la mer, car, en ce temps-là, on ne prenait de bains que dans les thermes, luxueux établissements qui étaient pour les anciens ce que les cercles et les clubs sont pour nous.

L'endroit le plus recherché comme villégiature était le golfe de Naples, encore un des sites les plus beaux du monde, mais en ce temps-là bien plus brillant et bien plus florissant. Aux environs de Naples s'élevaient nombre de villes charmantes, telles que Pompéi, Stabies, Herculanum. Au-dessus planait le Vésuve, dont les flancs et même le sommet étaient soigneusement cultivés, couverts de moissons, de vignes et de maisonnettes riantes.

Parmi les personnages illustres qui, pendant l'été de 79, se trouvaient aux environs du Vésuve, étaient les deux Pline, l'oncle et le neveu, l'un appelé Pline l'Ancien, l'autre Pline le Jeune. Pline l'Ancien, à la fois fonctionnaire de l'empereur Titus et laborieux écrivain, commandait la flotte romaine stationnée à Misène. Il avait le titre de préfet de la flotte, ce qui correspond au titre moderne d'amiral. Pline le Jeune accompagnait son oncle par amour de la villégiature. Âgé seulement de dix-huit ans, il continuait, au bord

LES ILES DE SANTORIN.

de la mer, ses études littéraires et ses études de droit, commencées à Rome avant d'entrer comme avocat à la Basilique, c'est-à-dire au Palais.

Cette province, qui fut si souvent ravagée par le Vésuve, la Campanie, était le lieu de repos favori des malades, en même temps que le lieu de plaisirs d'été des riches Romains.

Pline l'Ancien était un homme de science. en même temps qu'excellent marin. C'était. surtout, un grand travailleur. Son neveu, bien qu'avec un peu d'enthousiasme, l'a fort bien jugé dans une de ses lettres. Comme Pline l'Ancien est le principal héros de ce que l'on a appelé le drame du Vésuve, il n'est pas sans intérêt de le faire connaître. La lettre de Pline donne, en outre, quelques détails bien curieux sur la vie d'un homme d'étude de l'ancienne Rome. Pour arriver à comprendre les anciens, leurs mœurs, leurs usages, c'est à eux directement qu'il faut s'adresser. Deux pages de Pline le Jeune en disent plus long bien souvent qu'un gros volume de commentaires. Les détails que donne Pline sont toujours très précis. Très soigneux de son style, il n'était pas homme à risquer jamais un mot impropre ni une expression fausse. Aussi tout ce qu'il dit est bon à retenir.

« Je suis charmé de voir que vous lisez avec tant de soin les ouvrages de mon oncle, que vous voulez les posséder tous, les connaître tous. Je ne me contenterai pas de vous les indiquer ; je vous marquerai encore dans quel ordre ils ont été écrits : c'est une connaissance qui n'est pas sans agrément pour les amis des belles-lettres.

» Il était commandant de cavalerie lorsqu'il composa en un volume *l'Art de lancer le javelot à cheval*, ouvrage où le talent et le soin se font également remarquer. Il a écrit en deux livres la *Vie de Pomponius Secundus*, qui avait eu beaucoup d'amitié pour lui : ce fut un tribut de reconnaissance qu'il payait à sa mémoire. Il nous a laissé *vingt livres sur les guerres de Germanie*. Il a rassemblé toutes celles que nous avons soutenues contre les peuples de ce pays. C'est un songe qui lui fit entreprendre cet ouvrage. Il servait dans cette province, lorsqu'il crut voir, pendant son sommeil, Drusus Néron qui, après avoir poussé ses conquêtes jusqu'aux extrémités de la Germanie, y avait trouvé la mort. Ce prince lui recommandait de sauver son nom d'un injurieux oubli. Nous avons encore de lui trois livres, intitulés *l'Homme de lettres*, que leur étendue obligea mon oncle de diviser en six volumes. Il prend l'orateur au berceau, et le conduit à la plus haute perfection. Il composa *huit livres sur les difficultés de la grammaire* pendant les dernières années de l'empire de Néron, où la tyrannie rendait dangereux tout genre d'étude plus libre et plus élevé : *trente et un pour servir de suite à l'histoire qu'Aufidius Bassus a écrite* ; — *trente-sept sur l'histoire naturelle*. Ce dernier ouvrage, aussi remarquable par son étendue que par son érudition, est presque aussi varié que la nature elle-même.

» Vous êtes surpris qu'un homme si occupé ait pu écrire tant de volumes, et y traiter tant de sujets si difficiles. Vous serez bien plus étonné quand vous saurez qu'il a plaidé pendant quelque temps ; qu'il n'avait que cinquante-six ans quand il est mort, et que sa vie s'est passée dans les occupations et les embarras que donnent les grands emplois et la faveur des princes. Mais il avait un esprit ardent, un zèle infatigable, une application extrême. Il commençait ses veilles aux fêtes de Vulcain, non pour en consacrer les prémices, mais pour se mettre à l'étude, dès que la nuit était tout à fait venue ; en hiver, à la septième heure, au plus tard à la huitième, souvent à la sixième. Il se livrait à volonté au sommeil, qui quelquefois le prenait et le quittait au milieu de son travail.

» Avant le jour, il se rendait chez l'empereur Vespasien, qui faisait aussi un bon usage des nuits. De là, il allait s'acquitter des fonctions qui lui étaient confiées. De retour chez lui, il consacrait à l'étude le temps qui lui restait. Après le repas (toujours simple et léger, suivant la coutume des anciens), s'il avait quelques moments de loisir, en été, il se couchait au soleil. On lui lisait quelques livres. Il prenait des notes et faisait des extraits : car jamais il n'a rien lu sans extraire, et il disait souvent qu « 'il n'y a point de si mauvais livre qui ne renferme quelque chose d'utile ».

» Après s'être retiré du soleil, il prenait d'ordinaire un bain froid. Il mangeait légèrement, et dormait quelques instants. Ensuite, comme si un nouveau jour eût commencé, il reprenait l'étude jusqu'au souper. Pendant ce repas, nouvelle lecture, nouvelles notes prises en courant. Je me souviens qu'un jour un de ses amis interrompit le lecteur, qui avait mal prononcé quelques mots, et le fit répéter. « *Mais vous l'aviez compris ?* lui dit mon oncle. — *Sans doute*, répondit son ami. — *Et pourquoi donc*, reprit-il, *le faire recommencer ? Votre interruption nous coûte plus de dix lignes.* » Voilà comment il ménageait le temps. L'été, il sortait de table avant la nuit, et, en hiver, à la première heure, comme s'il y eût été forcé par une loi. Tout cela se faisait au milieu des occupations et du tumulte de la ville. Dans la retraite, n'y avait que le temps du bain qui fût exempt de travail, je veux dire le temps qu'il passait dans l'eau : car, pendant qu'il se faisait frotter et essuyer, il écoutait une lecture ou il dictait. En voyage, comme s'il eût été dégagé de tout autre soin, il se livrait entièrement à l'étude. Il avait à ses côtés son livre, ses tablettes et son secrétaire, auquel il faisait prendre ses gants en hiver, afin que la rigueur même de la saison ne pût dérober un moment au travail. C'était par cette raison qu'à Rome il n'allait jamais qu'en litière. Je me souviens qu'un jour il me blâma de m'être promené. « *Vous pouviez*, dit-il, *mettre ces heures à profit* » ; car il comptait pour perdu tout le temps qui n'était pas employé à l'étude. C'est par cette forte application qu'il a su achever tant d'ouvrages et qu'il m'a laissé cent-soixante cahiers d'extraits, écrits sur la page et sur le revers en très petits caractères, ce qui rend la collection bien plus considérable. Il m'a dit que, lorsqu'il était intendant en Espagne, il n'avait tenu qu'à lui de la vendre à Largius Licinius quatre cent mille sesterces (1) ; et alors, elle était un peu moins étendue.

» Quand vous songez à cette immense lecture, à cette multitude d'ouvrages qu'il a composés, ne croiriez-vous pas qu'il n'a jamais été ni dans les charges, ni dans la faveur des princes ? Et néanmoins, quand vous apprenez combien il sacrifiait de temps au travail, ne trouvez-vous pas qu'il aurait pu lire et composer davantage ? Car, d'un côté, quels obstacles les charges et la cour n'apportent-elles point aux études ; et de l'autre, que ne devait-on pas attendre d'une si constante application ? Aussi, je ne puis m'empêcher de rire quand on parle de mon ardeur pour le travail, moi qui, comparé à lui,

(1) 66,170 francs.

suis le plus paresseux des hommes. Cependant, je donne à l'étude tout ce que les devoirs publics et ceux de l'amitié me laissent de temps. Eh ! parmi ceux qui consacrent toute leur vie aux belles-lettres, quel est celui qui, mis en parallèle, ne rougirait de s'être livré, pour ainsi dire, au sommeil et à la mollesse ?

» Quoique je n'aie eu d'autre intention que de satisfaire votre curiosité en vous apprenant quels ouvrages mon oncle a laissés, j'ai dépassé les bornes de mon sujet. Je me flatte, pourtant, que les détails où je suis entré ne vous feront pas moins de plaisir que les ouvrages mêmes. Ces détails peuvent non seulement vous engager à les lire, mais encore vous enflammer d'émulation et vous inspirer le désir d'en imiter l'auteur. Adieu. »

Tout en remplissant avec éclat sa profession d'avocat, Pline le Jeune a beaucoup écrit. Lié avec les principaux écrivains de son temps, il fut avec eux en correspondance suivie ; mais celui avec lequel il s'épanche le plus volontiers, c'est Tacite, le grand historien latin dont la gloire a bien dépassé celle, plus modeste, de son ami. C'est à Tacite que sont adressées les deux lettres qui vont suivre, où sont racontés les événements qui ont tristement illustré le Vésuve. Dans la première, il donne le récit de la mort de son oncle ; dans la seconde, il rapporte comment il échappa avec sa mère au sort terrible qui les menaça un instant tous les deux. On remarquera dans ces lettres une absence complète non seulement de sensibilité, mais d'émotion, et même un stoïcisme trop complet pour être bien naturel. Elles furent écrites, il est vrai, assez longtemps après la catastrophe ; mais Pline sait trop bien que ses lettres seront recueillies par ses amis, et, si le style y gagne, nous y perdons, nous autres, des détails que l'écrivain a jugés indignes de ses belles phrases bien ciselées, mais qui nous seraient d'un grand intérêt.

Telles qu'elles sont, voici ces deux lettres :

» Vous me demandez des détails sur la mort de mon oncle, afin d'en transmettre plus fidèlement le récit à la postérité. Je vous en remercie : car je ne doute pas qu'une gloire impérissable ne s'attache à ses derniers moments, si vous en retracez l'histoire. Quoique, dans un désastre qui a ravagé la plus belle contrée du monde, il ait péri avec des peuples et des villes entières, victime d'une catastrophe mémorable qui doit éterniser sa mémoire : quoiqu'il ait élevé lui-même tant de monuments durables de son génie, l'immortalité de vos ouvrages ajoutera beaucoup à celle de son nom. Heureux les hommes auxquels les dieux ont accordé le privilège de faire des choses dignes d'être écrites, ou d'en écrire qui soient dignes d'être lues ! plus heureux encore ceux auxquels ils ont départi ce double avantage ! Mon oncle tiendra son rang parmi les derniers, et par vos écrits et par les siens. J'entreprends donc volontiers la tâche que vous m'imposez, ou plutôt, je la réclame.

» Il était à Misène, où il commandait la flotte. Le neuvième jour avant les calendes de septembre, vers la septième heure, ma mère l'avertit qu'il paraissait un nuage d'une grandeur et d'une forme extraordinaires. Après sa station au soleil et son bain d'eau froide, il s'était jeté sur un lit, où il avait pris son repas ordinaire, et il se livrait à l'étude. Il demande ses sandales, et monte en un lieu d'où il pouvait aisément observer ce phénomène. La nuée s'élançait dans l'air, sans qu'on pût distinguer à une si grande distance de quelle montagne elle sortait. L'événement fit connaître ensuite que c'était du mont Vésuve. Sa forme approchait de celle d'un arbre, et particulièrement d'un pin : car, s'élevant vers le ciel comme sur un tronc immense, sa tête s'étendait en rameaux. Peut-être le souffle puissant qui poussait d'abord cette vapeur ne se faisait-il plus sentir; peut-être aussi le nuage, en s'affaiblissant ou en s'affaissant sous son propre poids, se répandait-il en surface. Il paraissait tantôt blanc, tantôt sale et tacheté, selon qu'il était chargé de cendre ou de terre.

» Ce phénomène suprit mon oncle, et, dans son zèle pour la science, il voulut l'examiner de plus près. Il fit appareiller un navire liburnien, et me laissa la liberté de le suivre. Je lui répondis que j'aimais mieux étudier ; il m'avait, par hasard, donné lui-même quelque chose à écrire. Il sortait de chez lui lorsqu'il reçut un billet de Rectine, femme de Césius Bassus. Effrayée de l'imminence du péril (car sa villa était située au pied du Vésuve, et l'on ne pouvait s'échapper que par la mer), elle le priait de lui porter secours. Alors il change de but, et poursuit par dévouement ce qu'il n'avait d'abord entrepris que par le désir de s'instruire. Il fait préparer des quadrirèmes, et y monte lui-même pour aller secourir Rectine et beaucoup d'autres personnes qui avaient fixé leur habitation sur cette côte riante. Il se rend à la hâte vers des lieux d'où tout le monde s'enfuyait; il va droit au danger, la main au gouvernail, l'esprit tellement libre de crainte qu'il décrivait et notait tous les mouvements, toutes les formes que le nuage ardent présentait à ses yeux.

» Déjà sur ses vaisseaux volait une cendre plus épaisse et plus chaude, à mesure qu'ils approchaient ; déjà tombaient autour d'eux des éclats de rochers, des pierres noires, brûlées et calcinées par le feu ; déjà la mer, abaissée tout à coup, n'avait plus de profondeur, et les éruptions du volcan obstruaient le rivage. Mon oncle songea un instant à retourner ; mais il dit bientôt au pilote, qui l'y engageait : *La fortune favorise le courage. Menez-nous chez Pomponianus.* Pomponianus était à Stabies, de l'autre côté d'un petit golfe formé par la courbure insensible du rivage. Là, à la vue du péril qui était encore éloigné, mais imminent, car il s'approchait par degrés, Pomponianus avait transporté tous ses effets sur des vaisseaux et n'attendait, pour s'éloigner, qu'un vent moins contraire. Mon oncle, favorisé par ce même vent, aborde chez lui, l'embrasse, calme son agitation, le rassure, l'encourage ; et, pour dissiper, par sa sécurité, la crainte de son ami, il se fait porter au bain. Après le bain, il se met à table et mange avec gaieté, ou, ce qui ne suppose pas moins d'énergie, avec les apparences de la gaieté.

» Cependant, de plusieurs endroits du mont Vésuve, on voyait briller de larges flammes et un vaste embrasement dont les ténèbres augmentaient l'éclat. Pour calmer la frayeur de ses hôtes, mon oncle leur disait que c'étaient des maisons de campagne abandonnées au feu par les paysans effrayés. Ensuite, il se livra au repos et dormit réellement d'un profond sommeil, car on entendait de la porte le bruit de sa respiration, que sa corpulence rendait forte et retentissante. Cependant, la cour par où l'on entrait dans son appartement commençait à s'encombrer tellement de cendres et de pierres que, s'il y fût resté plus longtemps, il lui eût été impossible de sortir. On l'éveille. Il sort, et va rejoindre Pomponianus et les autres, qui avaient veillé. Ils tiennent conseil et délibèrent s'ils se renfermeront dans la maison, ou s'ils erreront dans la campagne : car les maisons étaient tellement ébranlées par les effroyables tremblements de terre qui se succédaient qu'elles semblaient arrachées de leurs fondements, poussées dans tous les sens, puis ramenées à leur place. D'un autre côté, on avait à craindre, hors de la ville, la chute des pierres, quoiqu'elles fussent légères et minées par le feu. De ces périls on choisit le dernier. Chez mon oncle, la raison la plus forte prévalut sur la plus faible ; chez ceux qui l'entouraient, une crainte l'emporta sur une autre. Ils attachent donc avec des toiles des oreillers sur leurs têtes : c'était une sorte d'abri contre les pierres qui tombaient.

» Le jour recommençait ailleurs ; mais autour d'eux régnait toujours la nuit la plus sombre et la plus épaisse, sillonnée cependant par des lueurs et des feux de toute espèce. On voulut s'approcher du rivage pour examiner si la mer permettait quelque tentative ; mais on la trouva toujours orageuse et contraire. Là, mon oncle se coucha sur un drap étendu, demanda de l'eau froide, et en but deux fois. Bientôt, des flammes et une odeur de soufre, qui en annonçait l'approche, mirent tout le monde en fuite et forcèrent mon oncle à se lever. Il se lève appuyé sur deux jeunes esclaves, et au même instant il tombe mort. J'imagine que cette épaisse vapeur arrêta sa respiration et le suffoqua. Il avait naturellement la poitrine faible, étroite et souvent haletante. Lorsque la lumière reparut (trois jours après le dernier qui avait lui pour mon oncle), on retrouva son corps entier, sans blessures. Rien n'était changé dans l'état de son vêtement, et son attitude était celle du sommeil plutôt que de la mort.

» Pendant ce temps, ma mère et moi nous étions

à Misène. Mais cela n'intéresse plus l'histoire, et vous n'avez voulu savoir que ce qui concerne la mort de mon oncle. Je finis donc, et je n'ajoute plus qu'un mot : c'est que je ne vous ai rien dit que je n'aie vu ou que je n'aie appris dans ces moments où la vérité des événements n'a pu encore être altérée. C'est à vous de choisir ce que vous jugerez le plus important. Il est bien différent d'écrire une lettre ou une histoire; d'écrire pour un ami, ou pour le public. Adieu. »

Dans cette lettre, Pline n'a parlé que de son oncle. Tacite insiste pour savoir ce qui est également arrivé à son ami pendant ces jours terribles. La réponse de Pline forme la suite ou, plutôt, le complément du premier récit.

« La lettre où je vous ai donné les détails que vous me demandiez sur la mort de mon oncle vous a inspiré, me dites-vous, le désir de connaître les alarmes et les dangers mêmes auxquels je fus exposé à Misène, où j'étais resté; car c'est là que j'avais interrompu mon récit.

Quoique ce souvenir me saisisse d'horreur,
J'obéirai.......

» Après le départ de mon oncle, je continuai l'étude qui m'avait empêché de le suivre. Vint ensuite le bain, le repas; je dormis quelques instants d'un sommeil agité. Depuis plusieurs jours, un tremblement de terre s'était fait sentir. Il nous avait peu effrayés, parce qu'on y est habitué en Campanie. Mais il redoubla cette nuit avec tant de violence qu'on eût dit non seulement une secousse, mais un bouleversement général. Ma mère se précipita dans ma chambre. Je me levais pour aller l'éveiller, si elle eût été endormie. Nous nous assîmes dans la cour, qui ne forme qu'une étroite séparation entre la maison et la mer. Comme je n'avais que dix-huit ans, je ne sais si je dois appeler fermeté ou imprudence ce que je fis alors. Je demandai un Tite-Live. Je me mis à le lire, comme dans le plus grand calme, et je continuai à en faire des extraits. Un ami de mon oncle, récemment arrivé d'Espagne pour le voir, nous trouva assis, ma mère et moi. Je lisais. Il nous reprocha, à ma mère son sang-froid, et à moi ma confiance. Je n'en continuai pas moins attentivement ma lecture.

» Nous étions à la première heure du jour, et cependant on ne voyait encore qu'une lumière faible et douteuse. Les maisons, autour de nous, étaient si fortement ébranlées qu'elles étaient menacées d'une chute infaillible dans un lieu si étroit, quoiqu'il fût découvert. Nous prenons, enfin, le parti de quitter la ville. Le peuple épouvanté s'enfuit avec nous ; et comme, dans la peur, on met souvent sa prudence à préférer les idées d'autrui aux siennes, une foule immense nous suit, nous pousse et nous presse. Dès que nous sommes hors de la ville, nous nous arrêtons, et, là, nouveaux phénomènes, nouvelles frayeurs. Les voitures que nous avions emmenées avec nous étaient, quoiqu'en pleine campagne, entraînées en tous les sens, et l'on ne pouvait, même avec des pierres, les maintenir à leur place. La mer semblait refoulée sur elle-même, et comme chassée du rivage par l'ébranlement de la terre. Ce qu'il y a de certain, c'est que le rivage était agrandi, et que beaucoup de poissons étaient restés à sec sur le sable. De l'autre côté, une nuée noire et horrible, déchirée par des tourbillons de feu, laissait échapper de ses flancs entr'ouverts de longues traînées de flammes, semblables à d'énormes éclairs.

» Alors l'ami dont j'ai parlé revint plus vivement encore à la charge. *Si votre frère, si votre oncle est vivant*, nous dit-il, *il veut sans doute que vous vous sauviez ; et, s'il est mort, il a voulu que vous lui surviviez. Qu'attendez-vous donc pour partir ?* Nous lui répondîmes *que nous ne pourrions songer à notre sûreté tant que nous serions incertains de son sort.* A ces mots, il s'élance, et cherche son salut dans une fuite précipitée. Presque aussitôt après, la nue s'abaisse sur la terre et couvre les flots. Elle dérobait à nos yeux l'île de Caprée, qu'elle enveloppait, et nous cachait la vue du promontoire de Misène. Ma mère me conjure, me presse, m'ordonne de me sauver, de quelque manière que ce soit. Elle me dit que la fuite est facile à mon âge ; que pour elle, affaiblie et appesantie par les années, elle mourrait contente, si elle n'était pas cause de ma mort. Je lui déclare qu'il n'y a de salut pour moi qu'avec elle. Je lui prends la main, je la force à doubler le pas. Elle m'obéit à regret, et s'accuse de ralentir ma marche.

» La cendre commençait à tomber sur nous, quoiqu'en petite quantité. Je tourne la tête, et j'aperçois derrière nous une épaisse fumée qui nous suivait en se répandant sur la terre comme un torrent. *Pendant que nous voyons encore, quittons le grand chemin*, dis-je à ma mère, *de peur d'être écrasés dans les ténèbres par la foule qui se presse sur nos pas.* A peine nous étions-nous arrêtés, que les ténèbres s'épaissirent encore. Ce n'était pas seulement une nuit sombre et chargée de nuages, mais l'obscurité d'une chambre où toutes les lumières seraient éteintes. On n'entendait que les gémissements des femmes, les plaintes des enfants, les cris des hommes. L'un appelait son père, l'autre son fils, l'autre sa femme ; ils ne se reconnaissaient qu'à la voix. Celui-ci s'alarmait pour lui-même, celui-là pour les siens. On en vit à qui la crainte de la mort faisait invoquer la mort même. Ici, on levait les mains au ciel ; là, on se persuadait qu'il n'y avait plus de dieux, et que cette nuit était la dernière, l'éternelle nuit qui devait ensevelir le monde. Plusieurs ajoutaient aux dangers réels des craintes imaginaires et chimériques. Quelques-uns disaient qu'à Misène tel édifice s'était écroulé, que tel autre était en feu : bruits mensongers, qui étaient accueillis comme des vérités.

» Il parut une lueur qui nous annonçait non le retour de la lumière, mais l'approche du feu qui nous menaçait. Il s'arrêta pourtant loin de nous. L'obscurité revint. La pluie de cendres recommença, plus forte et plus épaisse. Nous nous levions de temps en temps pour secouer cette masse, qui nous eût engloutis et étouffés sous son poids. Je pourrais me vanter qu'au milieu de si affreux dangers il ne m'échappa ni une plainte ni une parole qui annonçât de la faiblesse ; mais j'étais soutenu par cette idée, déplorable et consolante à la fois, que tout l'univers périssait avec moi. Enfin cette noire vapeur se dissipa, comme une fumée ou comme un nuage. Bientôt après, nous revîmes le jour et même le soleil, mais aussi blafard qu'il apparaît dans une éclipse. Tout se montrait changé à nos yeux troublés encore. Des monceaux de cendres couvraient tous les objets comme d'un manteau de neige.

» Nous retournâmes à Misène. Chacun s'y rétablit de son mieux, et nous y passâmes une nuit entre la crainte et l'espérance. Mais la crainte l'emportait toujours, car le tremblement de terre continuait. La plupart, égarés par de terribles prédictions, aggravaient leurs infortunes et celles d'autrui. Cependant, malgré nos périls passés et nos périls futurs, il ne nous vint pas dans la pensée de nous éloigner avant d'avoir appris des nouvelles de mon oncle. Vous lirez ces détails ; mais vous ne les ferez point entrer dans votre ouvrage. Ils ne sont nullement dignes de l'histoire ; et, si vous ne les trouvez pas même convenables dans une lettre, ne vous en prenez qu'à vous seul, qui les avez exigés. Adieu. »

Remarquons, avant d'aller plus loin, que Pline ne se douta pas de la véritable cause de la mort de son oncle. Pline l'Ancien fut suffoqué non parce qu'il avait « la poitrine faible et haletante », mais bien parce qu'il eut l'imprudence de se coucher à un endroit d'où il s'exhalait de l'acide carbonique ; c'est l'expérience de la Grotte du Chien. « Le hasard a de ces ironies, dit M. Beulé ; l'illustre naturaliste ignorait les phénomènes de la nature ; ce savant ne savait pas que, dans toute éruption, les gaz émanés des coulées de lave et des fissures sont funestes aux êtres animés et forment les couches inférieures de l'air, parce qu'ils sont plus lourds que l'air. Il est mort parce qu'il s'est couché ; s'il était resté debout, il aurait fait lui-même la relation de tout ce qu'il avait vu. Lorsqu'on revint, trois jours après, le calme étant rétabli, on trouva, il est vrai, son corps intact et qui semblait dormir, mais on oublia sous la cendre les tablettes sur lesquelles il avait consigné les observations qui auraient été plus précieuses pour nous qu'elles n'avaient été profitables pour lui-même. Son neveu semble avoir coordonné seulement les récits de ceux qui l'avaient accompagné (1) ».

(1) Beulé : *Le drame du Vésuve.*

Mais qu'est-ce que la mort d'un homme, même le plus illustre, auprès de la catastrophe qui nous reste à raconter ! Pline dit lui-même de son oncle : « Il a péri avec des peuples et des villes entières. » Quatre villes, en effet, avec une partie de la population qu'elles contenaient, furent ensevelies sous les cendres : Herculanum, Pompéi, Stabies et Oplonte. Le drame accompli, les survivants du désastre morts à leur tour, le souvenir de la destruction de ces malheureuses villes finit par se perdre. On en vint jusqu'à ignorer dans le pays leur existence passée, et, seules, les lettres de Pline et quelques phrases de divers historiens en rappelaient le souvenir lorsqu'en 1721, par hasard, en creusant un puits, on découvrit les ruines d'Herculanum et, en 1748, celles de Pompéi.

Alors on commença les travaux de déblaiement, et l'on put reconstituer avec vraisemblance, à mesure que les fouilles avancèrent, les péripéties du drame du Vésuve.

Sur les ruines d'Herculanum, une ville moderne s'était élevée, Portici ; cela rendait les fouilles très difficiles : elles sont maintenant abandonnées, tandis que Pompéi, après un ensevelissement de dix-huit siècles, est en partie rendue à la lumière. On ne peut parler avec un peu d'assurance que de Pompéi ; c'est donc de cette dernière ville que nous nous occuperons, en donnant d'abord un récit succinct de sa destruction, puis quelques détails sur les précieuses découvertes que l'on y fait encore chaque jour.

Les Pompéiens étaient réunis dans le cirque

ÉRUPTION DU VÉSUVE.

pour assister à un combat de gladiateurs. Le spectacle de ces malheureux que l'on condamnait à s'entre-tuer était le plaisir favori des anciens Romains et les passionnait au même point que, de nos jours, les combats de taureaux passionnent les Espagnols. Le peuple romain ne demandait que cela et du pain : *Panem et circenses !* Or Pompéi, depuis plusieurs années, à la suite d'une bataille survenue au cirque entre les Pompéiens et les habitants de Nucéria, une ville voisine, en avait été privée. Tout Pompéi était là lorsque l'épaisse fumée qui sortit tout d'un coup du cratère du Vésuve dut faire prévoir un danger. Bientôt, le cirque commençant à se vider, une violente secousse de tremblement de terre se fit sentir ; en un instant, le cirque fut désert et les Pompéiens s'enfuirent, les uns directement dans la campagne, les autres passant par leurs maisons pour prendre quelques objets précieux. Ceux qui sortirent immédiatement de la ville et même ceux qui ne s'attardèrent pas chez eux eurent le temps de se sauver de tout danger. Il n'en fut pas de même pour les autres. Une seconde secousse ébranla violemment le sol, renversant les étages supérieurs des maisons, pendant qu'une épaisse pluie de cendre commença à tomber, mêlée à de lourdes pierres enflammées. En même temps, l'obscurité devint intense, les retardataires se précipitaient par les rues pleines de décombres, les paysans, affolés, venaient de la campagne audevant de la mort; le tumulte dut être épouvantable. Quelques-uns de ceux qui avaient négligé de prendre la fuite au premier moment purent encore atteindre la plaine et se mettre en sûreté, mais une troisième cause de mort surgit bientôt : l'exhalaison des gaz mortels qui sortirent du sol, sans doute en quantités énormes. Tous ceux qui tombaient dans leur fuite mouraient asphyxiés.

La pluie de cendres continuait ; elle chargeait les vêtements d'une couche épaisse et brûlante, qui rendait la marche à chaque instant plus difficile. Dans certains quartiers, de violentes inondations, dues à la condensation subite des vapeurs rejetées par le volcan, noyèrent un grand nombre de personnes : le reste fut enseveli sous les décombres, sous les cendres, et asphyxié.

Quelques individus, indifférents ou imprévoyants, s'étaient tranquillement enfermés dans des caves en attendant la fin de la pluie de cendre pour s'en aller. D'autres s'étaient trouvés murés involontairement. On a retrouvé dans une chambre plusieurs squelettes humains mêlés à des os de poulet : les malheureux avaient eu la précaution de prendre des provisions, qui ne firent que prolonger de quelques heures leur épouvantable agonie.

Dans une cave, on rencontra des ossements humains dispersés à droite, à gauche, et à demi rongés. Dans un coin était le squelette d'un chien. Enfermé avec son maître, il lui avait survécu, puis il avait dévoré son cadavre.

Il y eut des scènes terribles, si l'on en juge par l'imagination d'abord, ensuite par la position des squelettes retrouvés ; mais le spectacle le plus navrant est celui que présentent les corps moulés par la cendre et ainsi conservés par elle avec leurs formes et tous les détails du corps. Dans les creux que la couche de cendre a laissés autour des ossements, le directeur actuel des fouilles, M. Fiorelli, a réussi à couler du plâtre délayé et, pour ainsi dire, à ressusciter l'agonie. Quatre cadavres en un seul moulage furent ainsi obtenus en 1863.

« Le premier est celui d'une femme tombée sur le dos. Bien que ses traits soient peu distincts, on reconnait qu'elle a souffert et qu'elle a été étouffée. Son visage cherche l'air, et sa tête semble se soulever vers le ciel. La main droite, crispée, s'appuie sur la terre ; le bras gauche veut repousser un ennemi invisible : tout annonce la suffocation. Une tresse de cheveux forme une couronne autour de la tête. Les manches de la tunique s'attachent par des courbes harmonieuses, mais les boutons de verre qui les retenaient sont tombés quand l'étoffe a été consumée par le temps. Pour mieux fuir, la malheureuse avait relevé ses vêtements, qui forment un paquet sur son ventre ; on distingue les restes d'une étoffe très fine, qui entourent les membres et constituent un véritable caleçon... Cette Pompéienne est grande, élégante ; son pied cambré est chaussé de brodequins à semelle forte. Une bague d'argent est à son doigt. Auprès d'elle, on a ramassé des boucles d'oreilles, un miroir d'argent et une statuette d'ambre.

» Les trois autres cadavres sont un homme d'un certain âge, accompagné de deux jeunes femmes, probablement ses filles. Il tenait à la main les boucles d'oreilles de ses compagnes, quelques pièces de monnaie et la clef de la maison. Renversé sur le dos, comme le cadavre précédent, cet homme, ce géant, qui n'a pas loin de six pieds, a été suffoqué lui aussi. Tout, dans ses derniers mouvements, indique ce genre de mort. Il est vêtu grossièrement et porte des souliers garnis de gros clous.

» Mais le spectacle le plus touchant, ce sont les deux sœurs qui couraient ensemble se soutenant l'une l'autre, respirant le même poison, s'affaissant du même coup et mourant les pieds enlacés. La plus âgée s'est couchée sur le côté, comme pour dormir. Deux anneaux de fer passés à ses doigts montrent sa pauvreté.

» L'autre jeune fille n'avait pas encore quatorze ans : elle est tombée sur le ventre en étendant les bras. Une main crispée atteste la souffrance ; l'autre main tient, serré sur le visage, un pan de robe ou un mouchoir. Les deux pieds sont pris dans la tunique ; on aperçoit cependant un soulier de drap brodé, déchiré sur un côté. La coiffure est celle des Italiennes de la montagne, une natte ramenée sur le milieu de la tête. Ce tableau pathétique est un drame entier. C'est un groupe d'un mouvement vrai, d'une expression saisissante ; la nature a été moulée sur le vif, entre l'agonie et la mort ; les attitudes et une naïveté imprévue de composition feraient réfléchir les plus grands artistes (1) ».

(1) Beulé. Ouvr. cité, *passim*.

Pompéi était une ville d'environ 15,000 âmes. Quelques-uns la supposent plus considérable, mais il faut se figurer qu'elle était bien déchue de son ancienne splendeur. Plusieurs fois déjà, elle avait été détruite par un tremblement de terre, notamment en l'an 63 avant Jésus-Christ. Beaucoup de familles l'avaient quittée à ce moment-là et n'étaient point revenues. D'un autre côté, on avait bien entièrement reconstruit la ville, la vie avait repris son train depuis quelques années, mais ce n'était plus qu'une ville restaurée, sans doute sur de moins grandes proportions que l'ancienne. Sur ces 15,000 Pompéiens on estime qu'il n'en périt pas plus de 1,500 ; ce qui s'explique par ce fait que, entre la première secousse et la seconde, accompagnée de pluies, de cendres et d'incendies, il y eut, comme nous l'avons dit, un intervalle qui permit aux plus avisés de fuir le lieu du sinistre.

Une autre preuve vient appuyer ce que j'avance. A l'amphithéâtre, qui pouvait contenir 20.000 spectateurs, plus que la population de la ville, on n'a retrouvé que les squelettes de deux gladiateurs captifs, près de leurs chaînes dont ils étaient parvenus à se dégage

CONCLUSION

Le jeune lecteur qui m'a suivi jusqu'ici doit savoir maintenant ce que c'est qu'un volcan et qu'un tremblement de terre ; il peut se faire une idée des phénomènes qui les accompagnent, des accidents et, le plus souvent, des désastres qui en résultent. Nous avons vu, en effet, comment le feu central, par la production des gaz et la vaporisation de l'eau, est la cause première des bouleversements volcaniques sous quelque forme qu'ils se présentent : éruptions de matières enflammées, de cendres, de boue, ou d'eau ; éruptions sous-marines, soulèvements, affaissements ; tremblements de terre.

Tous ces mouvements ne sont, on se le rappelle, que la continuation du travail de formation qui, aux temps primitifs, a bien autrement ébranlé notre globe : tantôt ces mouvements sont brusques et soudains, tantôt insensibles et lents. S'ils occasionnent des catastrophes terribles comme la destruction de Pompéi et d'Herculanum, de San-Salvador, de Mendoza, c'est que la nature agit selon des lois inflexibles.

Et de quel droit l'homme se plaindrait-il ? Ne meurt-il pas en une seule guerre plus de créatures humaines que n'en ont jamais fait périr toutes les éruptions et tous les tremblements de terre réunis?

Un tremblement de terre détruit une ville, un volcan en engloutit quatre. Le lecteur se souvient des noms : Pompéi, celle que l'on a retrouvée; Herculanum sur laquelle Portici s'élève maintenant; Stabies et Oplonte, qui n'étaient qu'une réunion de villas, sans doute pleines de richesses et qui dorment toujours sous le sol de la Campanie.

Pompéi nous a révélé les secrets intimes de la vie romaine ; nous avons parlé, à son occasion, de la civilisation antique, et nous avons vu à quel point elle était raffinée ; comment, si la nôtre est plus complète, celle des anciens étaitplus artistique.

10336 — Tours imprimerie Rouillé-Ladevèze

www.ingramcontent.com/pod-product-compliance
Lightning Source LLC
LaVergne TN
LVHW020043170826
845678LV00001B/405
* 9 7 8 2 3 2 9 6 9 1 2 6 8 *